四川省畜牧科学研究院
国家肉鸡产业技术体系西南区岗位科学家团队

优质林下鸡养殖技术

主编 蒋小松

四川科学技术出版社

图书在版编目（CIP）数据

优质林下鸡养殖技术 / 蒋小松主编. —成都：四川科学技术出版社，2015.5(2018.11重印)

ISBN 978-7-5364-8095-7

Ⅰ. ①优… Ⅱ. ①蒋… Ⅲ. ①鸡－饲养管理 Ⅳ. ①S831.4

中国版本图书馆CIP数据核字（2015）第108597号

优质林下鸡养殖技术

出 品 人　钱丹凝

主　　编　蒋小松

责任编辑　何　光

封面设计　张维颖

责任出版　欧晓春

出版发行　四川科学技术出版社

官方微博：http://e.weibo.com/sckjcbs

官方微信公众号：sckjcbs

传真：028-87734039

成品尺寸　142mm × 210mm

印　　张　1　字数：50千

印　　刷　成都市新都华兴印务有限公司

版　　次　2015年7月第1版

印　　次　2018年11月第2次印刷

定　　价　12.00元

ISBN 978-7-5364-8095-7

邮购：四川省成都市槐树街2号　邮政编码：610031

电话：028-87734035　电子信箱：SCKJCBS@163.COM

本书编著人员名单

主　　编　蒋小松

编著人员　杜华锐　廖党金　杨朝武　林　毅
李　雯　李兴玉　李小成　魏　甬
李晴云　叶勇刚　宋小燕

前 言

利用林地、果园、草场以及荒山荒坡等自然生态资源以放牧的方式生产优质肉鸡，通称“林下鸡”。经过几年的发展，林下鸡产业在广大农村地区已具有相当的规模，林下鸡产品已拥有稳定的消费群体和消费市场。特别需要指出的是，在以养殖设施化为主要内容的标准化规模养殖发展进程中，林下鸡生产可谓传统畜牧业向现代畜牧业的一种过渡养殖方式，且在多极化的畜产品消费市场上，其产品可满足部分消费群体的需求。我们认为，无论以何种方式养鸡，都必须按照科学规范的饲养管理和卫生保健等规程操作，才能为消费者提供安全无公害的产品。有鉴于此，作为国家肉鸡产业技术体系岗位科学家及其团队成员，四川省畜牧科学研究院家禽研究所和兽医研究所相关科技人员经过长期的调查和研究，并根据多年从事优质肉鸡生产与科研实践积累的资料，编著了这本《优质林下鸡养殖技术》，以期对林下鸡产业的健康发展起到推动与指导作用。本书部分内容以四川省林下鸡生产为例进行讲解，同时也适合具有相似自然生态条件的我国西南地区。编著者由衷地希望本书有助于读者掌握林下鸡生产实用技术，并在实践中取得良好的经济效益。

本手册由蒋小松、杜华锐、廖党金、杨朝武、林毅、李雯、李兴玉、李小成、魏甬、李晴云、叶勇刚、宋小燕编著。编著者参阅了国内外相关文献，同时采纳了相关养殖场的现场照片，在此一并感谢。

编著者

目 录

CONTENTS

第1篇　饲养管理技术

第1篇
饲养管理技术

1　选址、布局与设施

1.1　鸡场选址

林下鸡生产，既要建设鸡舍，又要有适宜鸡放养的场地。养殖场区应选择在地势高燥、背风向阳、环境安静、水源充足卫生、排水和供电方便的地方，且有适宜放养的林带、果园、草场、荒山荒坡或其他经济林地，满足卫生防疫要求。场区距离干线公路、村镇居民集中居住点、生活饮用水源地500米以上，与其他畜禽养殖场及屠宰场距离1公里以上，周围3公里内无污染源。

1.2　场区布局

场区布局应科学、合理、实用，节约土地，满足当前生产需要，同时考虑将来扩建和改建的可能性。鸡场可分成生产区和隔离区，规模较大的鸡场可设管理区。根据地形、地势和风向确定房舍和设施的相对位置，各功能区应界限分明，联系方便。

生产区主要包括育雏舍和放养鸡舍。育雏舍应与放养区严格分开，生产区设大门、消毒池和更衣消毒室。放养区四周设围栏，围网使用铁丝网或尼龙网，高度一般为2.0米。

隔离区设在场区下风向处及地势较低处，主要包括兽医室、隔离鸡舍等。为防止相互污染，与外界接触要有专门的道路相通。

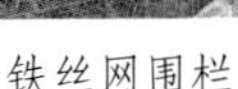
铁丝网围栏

放养鸡舍及尼龙网围栏

如果需要设置管理区，应设在场区常年主导风向上风处，主要包括办公设施及与外界接触密切的生产辅助设施，设主大门，并设消毒池和更衣消毒室。

场区内设净道和脏道，脏道与后门相连，两者严格分开，不得交叉、混用。

1.3 鸡舍建设

（1）育雏舍

育雏舍建设参照四川省畜牧食品局发布的《畜禽适度规模养殖圈舍建设方案草图》，应有专用笼具、专用消毒设备，并配备取暖、通风、光照及防鼠等设施。舍内设备根据具体的育雏方式进行配置。

（2）放养鸡舍

在紧靠放养场地，应设放养鸡舍（生长鸡舍）。放养鸡舍有固定式鸡舍和移动式鸡舍两种。

固定式鸡舍：固定式鸡舍要求防暑保温，背风向阳，光照充足，布列均匀，便于卫生防疫，面积按每平方米养12只鸡修建，内设栖息架，舍内及周围放置足够的喂料和饮水设备，

固定式放养鸡舍内栖息架、料桶及饮水器

使用料槽和水槽时，每只鸡的料位为10厘米，水位为5厘米；也可按照每30只鸡配置1个直径30厘米的料桶，每50只鸡配置1个直径20厘米的饮水器。

移动式鸡舍：移动式鸡舍要求能挡风、不漏雨、不积水即可，材料、形式和规格因地制宜，不拘一格，但需避风、向阳、防水、地势较高，面积按每平方米养12只鸡搭建，每个鸡舍的大小以容纳成年鸡100~150只为宜，多点设棚，内设栖息架，鸡舍周围放置足够的喂料和饮水设备，其配置情况与永久式鸡舍相同。

移动式鸡舍示例图

2 育雏准备工作

2.1 育雏舍

首先要检查育雏舍，房屋不能渗漏雨水，墙壁不能有裂缝，水泥地面要平整，无鼠洞且干燥，门窗严密，房屋保温性能好，并能通风换气。平养育雏舍内可间隔成多个小间，便于分群饲养管理和调整鸡群。

2.2 育雏设备

育雏前要准备好保温设备、饲槽、饮水器、水桶、料桶、温湿度计、扫帚、清粪工具、消毒用具；另外，根据实际情况添置需要的用具。若是笼养育雏，还要准备专用的育雏笼。针对农村土鸡养殖，育雏笼也可就地取材自制，便于雏鸡采食、饮水和饲养人员管理操作即可。

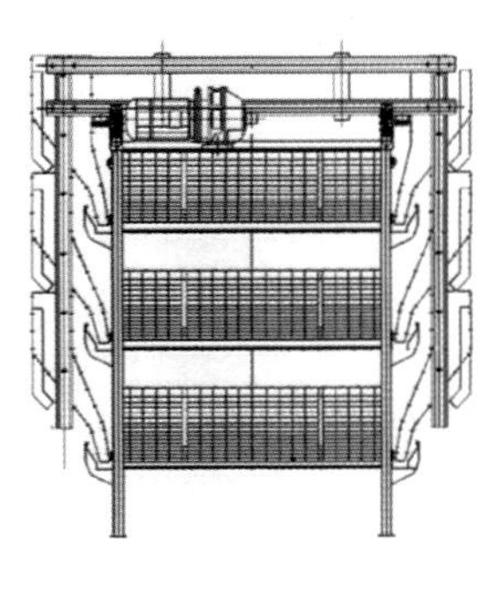

层叠式育雏笼

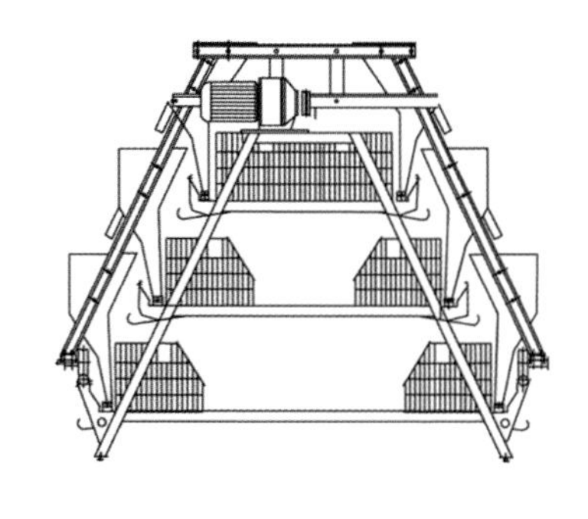

三层阶梯式育雏笼

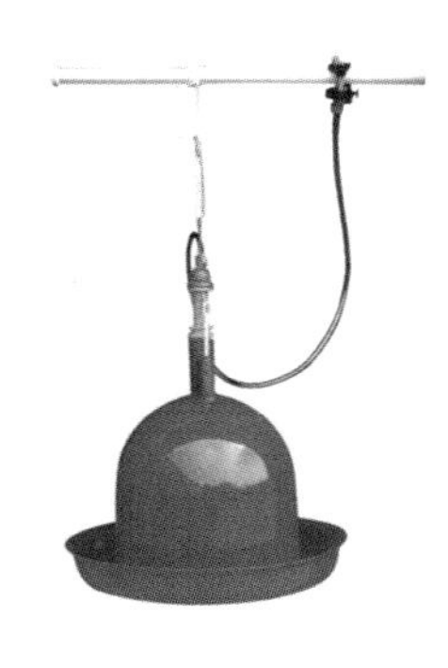

吊塔式饮水器

自动饮水器

2.3　清洗及消毒

雏鸡入舍前，鸡舍应空置 2 周以上，在进雏前 1 周，对育雏鸡舍墙壁、地面、饲养设备以及鸡舍周围彻底冲洗，鸡舍充分干燥后，采用两种以上的消毒剂交替进行 3 次以上的喷洒消毒。关闭所有门窗、通风孔，对育雏鸡舍升温，温度达到 25℃以上时，每立方米用高锰酸钾 14 克、福尔马林 28 毫升对鸡舍和用具进行熏蒸消毒，先放高锰酸钾在舍内瓷器中，后加入福尔马林，使其产生烟雾状甲醛气体，熏蒸 2 ～ 4 小时后打开门窗通风换气。

2.4　温度与饲料

进雏前两天进行预先升温，舍内温度应升至 33 ～ 35℃。准备足够的喂料盘或喂料用塑料布、饮水器。根据育雏数量，备好雏鸡专用全价饲料和必需药品等。

3　鸡种的选用与引种

按照《中华人民共和国畜牧法》的规定，用于商品肉鸡养殖的鸡种，必须是经国家畜禽遗传资源委员会审定的肉鸡新品种（配套系），或经该委员会鉴定的地方遗传资源（地方品种），或国家批准引进的国外优良品种（配套系）。此外，已完成培育但还未经审定的新品种（配套系），可在省级畜牧管理部门指定的区域进行中试生产。

林下鸡生产所用的品种，要针对消费市场的需要而定。由于林下养殖的肉鸡在市场上多被冠以“土鸡”称号，因此，国外引进鸡种一般不适合用于林下鸡生产。考虑到地方品种生产效率太低，我们强烈推荐选用以我国地方鸡种为育种素材，由国内育种机构培育且经国家畜禽遗传资源委员会审定的优质肉鸡配套系。这类育成的优质肉鸡配套系，既保持了地方鸡种的肉质风味和外貌特征，又大幅度提高了生长速度和饲料报酬，而且体重整齐一致。

商品代雏鸡应来自具有《种畜禽生产经营许可证》和《动物防疫合格证》的健康无污染的父母代种鸡场，经过产地检疫，持有有效检疫合格证明，符合畜禽产地检疫规范的标准要求。

4　雏鸡饲养管理

4.1　饮水

（1）雏鸡应先饮水后开食，雏鸡进入育雏舍后应尽快给予饮水，初饮水中可加适量的复合维生素，水温与室温保持一致。

（2）必须有足够的饮水空间，饮水器按照每只鸡 3 厘米水位配置，饮水要清洁卫生、新鲜，饮水器要经常清洗消毒，防止粪便污染。

（3）在饲养期内的各个阶段，饮水器应尽量均匀分布在鸡活动的范围内。饮水器的高度与鸡背同高为宜，饮水器的高度要随雏鸡日龄增长及时调整。

4.2 喂料

（1）雏鸡开食时间在入舍饮水后 2 小时至 3 小时进行。开食的饲料要求新鲜，颗粒大小适中，易于啄食，营养丰富，容易消化，建议采用正规厂家提供的全价雏鸡料。雏鸡料放在铝制或木制的小料盘内，使其自由采食，为了使雏鸡容易见到饲料，可适当增加室内的照明。

（2）第 1 周每天饲喂 6 次以上，第 2 周每天饲喂 4 ~ 6 次，3 周龄后，喂料要有计划，要让鸡将食槽的料吃完了后再喂料。

（3）要让鸡有足够的采食空间以满足其需要。在开始的 3 周内，应让鸡在任何时间都能得到充足的饲料。

（4）每次加料以料盘的 1/4 高度为宜，注意随时清理料盘中的粪便和垫料，以免影响鸡的采食及健康。

4.3 饲料搭配

育雏期建议饲喂全价配合饲料，雏鸡日粮营养水平见表 1。

表 1　育雏期（0 日龄 ~ 4 周龄）饲料营养水平

营养指标	含量
代谢能（兆焦 / 千克）	12.12
粗蛋白（%）	21.00
赖氨酸（%）	1.05
含硫氨基酸（%）	0.46
钙（%）	1.00
非植酸磷（%）	0.45

4.4 温度

1 ~ 3 日龄育雏舍温度 33 ~ 35℃，以后逐周降低，到 6 周龄温度降至 18 ~ 21℃或与室外温度一致；夜间气温低，应使舍内温度保持与日间一致。育雏期的适宜温度见表 2：

表 2　雏鸡各阶段的适宜温度

阶段	1 ~ 3 日龄	2 周龄	3 周龄	4 周龄	5 周龄	6 周龄
适宜温度（℃）	33 ~ 35	28 ~ 30	26 ~ 28	26 ~ 24	21 ~ 24	18 ~ 21

4.5　湿度

虽然相对湿度不像温度那样要求严格，但在极端情况下或与其他因素共同发生作用时，可能对雏鸡造成较大危害。0 ~ 7 日龄，保持相对湿度 65% ~ 70%；8 ~ 10 日龄为 60% ~ 65%；15 ~ 28 日龄为 55% ~ 60%；28 日龄后稳定在 55% 左右。四川省一般为高湿天气，如偶遇湿度过低，可适当喷水增加空气湿度。

4.6　密度

育雏期饲养密度主要依据周龄和饲养方式而定。笼养：1 日龄 ~ 3 周龄密度为 30 ~ 50 只 / 平方米，4 ~ 6 周龄为 15 ~ 25 只 / 平方米。平养：1 日龄 ~ 3 周龄密度为 20 ~ 35 只 / 平方米，4 ~ 6 周龄为 10 ~ 20 只 / 平方米。

4.7　断喙

为减少啄癖的发生，建议对雏鸡施行断喙。断喙时将雏鸡喙尖在断喙器上轻轻地烙烫，去掉上喙尖钩，严格控制断喙长度，以保证上市时成鸡喙的完整性。断喙一般在 7 ~ 10 日龄进行。断喙前 1 天在饮水中加入复合维生素以减少应激。

4.8　光照时间和强度

密闭鸡舍 1 ~ 3 日龄需要 24 小时光照，以后每天为 23 ~ 20 小时，避免在突然停电情况下，雏鸡惊群。光照强度不可过大，否则会引起啄癖。开放式鸡舍白天应采取限制部分自然光照，这可通过遮盖部分窗户来达到此目的。随着鸡的日龄增大，光照强度则由强变弱。

1 ~ 2 周龄时，每平方米应有 2.4 ~ 3.2 瓦的光照度（灯距离地面 2 米）；从第 3 周龄开始改用每平方米 0.8 ~ 1.3 瓦；4 周龄后，弱光可使鸡群安静，有利于生长。

4.9 通风换气

保持空气新鲜，舍内不应有刺鼻、刺眼的感觉。为使室内保持有新鲜空气，就必须处理好温度和通风的关系，寒冷季节理想的通风方式为横向通风，横向通风进风口与排风口距离较近，比较容易在短时间内将污染空气排出舍外，通风方法有自然和机械通风两种，密闭鸡舍多采用后者。

5 放养准备工作及注意事项

5.1 放养准备工作

（1）对放养地点进行检查，查看围栏是否有漏洞，如有漏洞应及时进行修补，减少鼠、蛇等天敌的侵袭，避免造成鸡的损失。在放养地搭建固定式鸡舍或安置移动式鸡舍，以便鸡群在雨天和夜晚的歇息。在放养前，灭一次鼠，但应注意使用的药物，以免毒死鸡。

（2）对拟放养的鸡群进行筛选，淘汰病弱、残肢及个体。同时准备饲槽、饲料和饮水器。

（3）雏鸡在育雏期即进行调教训练，育雏期在投料时以口哨声或敲击声进行适应性训练。放养开始时强化调教训练，在放养初期，饲养员边吹哨或敲盆边抛撒饲料，让鸡跟随采食；傍晚，再采用相同的方法，进行归巢训练，使鸡产生条件反射，形成习惯性行为，通过适应性锻炼，让鸡群适应环境。放养时间根据鸡对放养环境的适应情况逐渐延长。

5.2 放养时间的选择

雏鸡脱温后，一般要 4 周龄之后，白天气温不低于 15℃时开始放养，在气温低的季节，40 ~ 50 日龄开始放养。

四川省气候区域性、复杂性特征突出，气候类型多，山地气候垂直变化大，季风气候明显，季节气候有鲜明的区域特色。根据水、热条件和光照条件的差异，四川省可分为四川盆地中亚热带气候区、川西北高原高山高寒气候区以及川西南山地热带半湿润区三大部分。

（1）四川盆地：四川盆地4月平均气温15 ~ 19℃，建议在4 ~ 10月放养为宜，11 月至次年 3 月份则采用舍内养殖为主、放牧为辅的饲养方式。

（2）川西北高原：川西北高原气候区年平均气温小于 8℃，4 月平均气温 5 ~ 10℃，7 月平均气温 10 ~ 15℃，10 月平均气温 5℃左右，建议 6 月底到 7 月放养至 11 月为宜，其他月份采用舍内养殖为主、放牧为辅的饲养方式。

（3）川西南山地：川西南山地年平均气温谷地 15 ~ 20℃、山地 5 ~ 15℃。4 月平均气温 10 ~ 24℃，7 月平均气温 15 ~ 26℃，10 月平均气温 10 ~ 20℃，建议 3 月至 11 月放养为宜，其他月份采用舍内养殖为主、放牧为辅的饲养方式。

5.3 放养场地的养殖密度

放养应坚持“宜稀不宜密”的原则。根据林地、果园、草场、农田等不同饲养环境条件，其放养的适宜规模和密度也有所不同。各种类型的放养场地均应采用全进全出制，一般一年饲养 2 批次，根据土壤畜禽粪尿（氮元素）承载能力及生态平衡，在不施加化肥的情况下，不同放养场地养殖密度分别为：

（1）阔叶林：承载能力为 134 只 / 亩 · 年，每年饲养 2 批，密度为每批不超过 67 只 / 亩。

（2）针叶林：承载能力为 60 只 / 亩 · 年，每年饲养 2 批，密度为每批不超过 30 只 / 亩。

阔叶林

针叶林

（3）竹林：承载能力为 130 只 / 亩 · 年，每年饲养 2 批，密度为每批不超过 65 只 / 亩。

（4）果园：承载能力为 88 只 / 亩 · 年，每年饲养 2 批，密度为每批不超过 44 只 / 亩。

竹　林

果　园

（5）草地：承载能力为 50 只 / 亩 · 年，每年饲养 2 批，密度为每批不超过 25 只 / 亩。

（6）山坡、灌木丛：承载能力为 80 只 / 亩 · 年，每年饲养 2 批，密度为每批不超过 40 只 / 亩。

（7）一般情况下，耕地不适宜进行林下鸡饲养，在施加畜禽粪尿时，每亩土地每年不超过 123 只肉鸡的粪便。

山坡

灌木丛

6　放养期日常饲养管理

6.1　公母分群饲养

公鸡争斗性较强，饲料效率高，竞食能力强，体重增加快；而母鸡沉积脂肪能力强，饲料效率差，体重增加慢。公母分群饲养，各自在适当的日龄上市，有利于提高成活率与群体整齐度。

6.2　供水

林下鸡的活动空间大，由于野外自然水源很少，必须在鸡活动范围内保证充足、卫生的水源供给，尤其是夏季更应如此，同时在冬天饮水要进行防冻处理。采用饮水器，按照每 50 只鸡配置 1 个（直径 20 厘米）；若使用水槽，每只鸡水位为 3 ～ 5 厘米。

6.3　饲喂技术

（1）合理喂料

鸡野外自由觅食的自然营养物质，远远不能满足鸡生长的需要。应根据鸡的日龄、生长发育、林地草地类型、天气情况决定人工喂料次数、时间、营养及喂料量。放养早期多采用营养全面的饲料，以保障鸡群的健康生长。

喂料应定时定量，不可随意改动，这样可增强鸡的条件反射。夏秋季可以少喂，春冬季可多喂一些，每天早晨、傍晚各喂料 1 次。

喂料量随着鸡龄增加，具体为：5 ~ 8 周龄，每天每只喂料 50 ~ 70 克；9 ~ 14 周龄，每天每只喂料 70 ~ 100 克；15 周龄至上市，每天每只喂料 100 ~ 150 克。

（2）营养需要

放养期各阶段营养需要量见表 3。

表 3　林下鸡各阶段参考营养需要量

营养指标	5 ~ 8 周龄	8 周龄以上
代谢能（兆焦 / 千克）	12.54	12.96
粗蛋白（%）	19.00	16.00
赖氨酸（%）	0.98	0.85
蛋氨酸（%）	0.40	0.32
钙（%）	0.90	0.80
有效磷（%）	0.40	0.35

（3）饲料搭配

由于放养场地可供鸡采食的自然营养物质微乎其微，为了使鸡生长的遗传潜力得到最大限度发挥，我们推荐全程使用优质安全的全价配合饲料。

在一些地区，由于市场接受上市体重较大的鸡，需要延长鸡的生长期，这种情况下若全程使用全价配合饲料，则不一定是最经济的，因此可以在配合饲料基础上搭配使用能量饲料。5 ~ 8 周龄：建议使用中鸡全价配合饲料；9 ~ 14 周龄：建议使用大鸡全价配合饲料加 20% 左右的能量饲料，如玉米；15 周龄至上市，建议使用大鸡全价配合饲料加 40% 左右的能量饲料，能量饲料添加的比例随周龄增加。

（4）饲料存放

饲料存放在干燥的专用存储房内，存放时间不超过 15 天，严禁饲喂发霉、变质和被污染的饲料。

6.4　严防中毒

果园内放养时，果园喷过杀虫药和施用过化肥后，需间隔 7 天以上才可放养，雨天可停 5 天左右。刚放养时最好用尼龙网或竹篱笆圈定放养范围，以防鸡到处乱窜，采食到喷过杀虫药的果叶和被污染的青草等。鸡场应常备解磷定、阿托品等解毒药物，以防不测。

7　经营管理

7.1　建立养殖档案

建立养殖档案，包括进雏日期、进雏数量、雏鸡来源，进雏时的动物检疫合格证明等。完整的生产记录包括：日期、日龄、日死淘、日饲料消耗及温度、湿度等；并有饲料、兽药使用记录，包括使用对象、使用时间和用量记录；还应有完整的免疫、用药、抗体监测及病死鸡剖检记录。生产管理档案应保存两年以上。

7.2　适时上市

为增加鸡肉的口感和风味，应适当延长饲养周期，控制出栏时间，一般饲养期应在 120 天以后。特别地区需要根据市场行情及售价，适当缩短或者延长上市时间。

7.3　成本核算

养殖户要进行成本核算，每一批鸡单独核算，做到心中有数。生产过程中建立流水账目，包括支出及收入项目，针对性地减少支出而提高养殖利润，如根据各阶段鸡营养需要自配饲料、加强饲养管理而减少药物投入费用等。最后算出亏盈并做出评价，判断是否有利可图。

第2篇 疫病防控技术

1 疫病综合预防技术

1.1 间歇养殖

实行分区间歇放养，林地、果园 3 ~ 5 亩划为一个放养区，山坡、草地 5 亩以上划为一个放养区，每个放养区用围墙、尼龙网或铁丝网等隔开，根据饲养数量及当地放养条件决定间歇养殖的时间，一般两批鸡的间隔时间为 2 ~ 3 个月。

1.2 消毒

在鸡舍周围，每周撒一层生石灰，鸡在进出时消毒；在鸡舍门口建消毒池，池内铺垫麻布，并用消毒剂浸湿麻布，鸡在进出时消毒。每批鸡出售后，对鸡舍墙壁、地面、饲养设备以及鸡舍周围彻底冲洗，待鸡舍充分干燥后，采用 2 种以上的消毒剂交替进行 3 次以上的喷洒消毒，在进下一批鸡之前，再进行一次消毒。消毒剂可选用含有过氧乙酸、烧碱、醛类、碘伏、有机氯制剂、复方季铵盐等成分的消毒剂，所选消毒剂的使用浓度、配制方法、使用时间等，见其产品的使用说明书。

1.3 免疫

鸡场应根据各地流行的鸡疫病种类进行免疫，其中新城疫和高致病性禽流感是强制性免疫病。免疫剂量及方法，按照各疫苗的使用说明书进行。林下鸡生产推荐免疫程序见表 4。

表 4　推荐免疫程序

日龄	疫苗	免疫方法
3 ~ 5	肾型传支 W93	滴鼻或饮水
8 ~ 10	新城疫克隆 30 或Ⅳ系 +H120	滴鼻或饮水
13 ~ 15	法氏囊 B87 或法氏囊多价苗	滴鼻或饮水
	鸡痘疫苗	翅部刺种或皮下注射
15 ~ 18	禽流感 H5+H9 二联灭活苗	皮下或肌肉注射
23 ~ 25	法氏囊 B87 或法氏囊多价疫苗	滴鼻或饮水
30 ~ 35	新城疫克隆 30 或Ⅳ系 + 传支 H52	滴鼻或饮水
	或新城疫 – 传支二联灭活苗	皮下或肌肉注射
40 ~ 45	禽流感 H5+H9 二联灭活苗	皮下或肌肉注射
50 ~ 60	禽霍乱灭活苗	肌肉注射
	鸡痘疫苗	翅部刺种或皮下注射
90 ~ 100	新城疫克隆 30	滴鼻或饮水
	新城疫 – 传支二联灭活苗	皮下或肌肉注射

1.4　寄生虫病预防

放养阶段一般进行两次预防性驱虫，在 60 ~ 75 日龄，用吡喹酮粉剂和阿维菌素粉剂混入饲料中，拌料 3 ~ 5 天，吡喹酮量按每千克鸡体重 15 毫克一次服用剂量计算，阿维菌素量按每千克鸡体重 0.03 毫克一次服用剂量计算；在 100 ~ 110 日龄，用吡喹酮粉剂和阿维菌素粉剂混入饲料中，拌料连续喂 3 ~ 5 天，药物剂量同上。重点寄生虫病预防见表 5。

表 5　重点寄生虫病预防

日龄	寄生虫种类	药物	方法
3～7	球虫病	鸡球虫疫苗	饮水口服
3～50		抗球虫药物	根据药物使用方法，混入饲料或饮水中
60～75	线虫病绦虫病吸虫病、体表寄生虫病	吡喹酮和阿维菌素混合	混入饲料口服
100 ~ 110	线虫病绦虫病吸虫病、体表寄生虫病	吡喹酮和阿维菌素混合	混入饲料口服

1.5 兽药使用规范

（1）林下鸡的用药原则

根据防治疾病的需要使用药物；根据防治疾病类型选择高效、敏感性高、价格低廉、应用方便的药物；使用药物的剂量和方法，根据产品使用说明书进行；严禁大剂量使用药物；禁止使用国家相关部门公布的禁用药物；根据药物要求，鸡出售前多长时间停止使用该药物；购买具有国家正式批文生产厂家的兽药产品，并在产品包装上明显标记有产品用途、有效成分、使用剂量、使用方法等；如果养殖的鸡有绿色食品等特殊产品标记，选用药物时必须符合NY/T 472–2001《绿色食品兽药使用准则》。

（2）药物搭配注意事项

多种药物同时使用或前后使用的间隔时间不长时，其药效会发生一定的变化，疗效可能增强也可能降低甚至产生毒性，因此，某些药物不能相互搭配混合使用，用药时应该特别注意。具有增效作用可以搭配使用的常用药物见表6，不能搭配使用的常用药物见表7。

表6 具有增效作用可以搭配使用的常用药物

类别	代表药物	可以搭配使用的药物
头孢菌素类	头孢拉定、头孢氨苄	新霉素、庆大霉素、喹诺酮类、硫酸粘杆菌素
氨基糖苷类	硫酸新霉素、庆大霉素、卡那霉素、链霉素	青霉素类、头孢菌素类、三甲氧苄氨嘧啶
四环素类	四环素、强力霉素、金霉素、土霉素	同类药物及泰乐菌素、三甲氧苄氨嘧啶
氯霉素类	氟苯尼考	新霉素、盐酸多西环素、硫酸粘杆菌素
大环内酯类	罗红霉素、红霉素、替米考星、阿奇霉素	新霉素、庆大霉素、氟苯尼考
多粘菌素类	硫酸粘杆菌素	强力霉素、氟苯尼考、头孢氨苄、罗红霉素、替米考星、喹诺酮类
磺胺类	磺胺嘧啶钠、磺胺五甲氧嘧啶、磺胺六甲氧嘧啶	三甲氧苄氨嘧啶、新霉素、庆大霉素、卡那霉素
洁霉素类	林可霉素、克林霉素	甲硝唑、庆大霉素、新霉素
喹诺酮类	诺氟沙星、环丙沙星、恩诺沙星、左旋氧氟沙星	头孢菌素类、氨基糖苷类、磺胺类

表 7　不能搭配使用的常用药物

类别	代表药物	不能搭配使用的药物
青霉素类	氨苄西林钠、阿莫西林、青霉素	氨茶碱、磺胺类
头孢菌素类	头孢拉定、头孢氨苄	氨茶碱、磺胺类、红霉素、强力霉素、氟苯尼考
氨基糖苷类	硫酸新霉素、庆大霉素、卡那霉素、链霉素	青霉素类、头孢菌素类、三甲氧苄氨嘧啶、维生素 C
四环素类	四环素 强力霉素 金霉素、土霉素	氨茶碱
氯霉素类	氟苯尼考	氨苄西林、头孢拉定、头孢氨苄、卡那霉素、磺胺类、喹诺酮类、链霉素、呋喃类
大环内酯类	罗红霉素、红霉素、替米考星、阿奇霉素	维生素 C、阿司匹林、头孢菌素类、青霉素类、卡那霉素、磺胺类、氨茶碱
多粘菌素类	硫酸粘杆菌素	先锋霉素、新霉素、庆大霉素
磺胺类	磺胺嘧啶钠、磺胺五甲氧嘧啶、磺胺六甲氧嘧啶	头孢类、氨苄西林、维生素 C、氟苯尼考、红霉素类
洁霉素类	林可霉素、克林霉素	青霉素类、头孢菌素类、B 族维生素、维生素 C
喹诺酮类	诺氟沙星、环丙沙星、恩诺沙星、左旋氧氟沙星	四环素类、氟苯尼考、呋喃类、罗红霉素、氨茶碱

2　主要疫病防治技术

2.1　新城疫

鸡新城疫俗称鸡瘟，是由新城疫病毒引起的一种急性、烈性传染病，可致各种年龄鸡感染发病和死亡，本病传播迅速，一年四季均可发生，天气突变易诱发本病。

（1）症状

多数情况下病鸡表现精神不振，采食减少，翅下垂，站立不稳。张口呼吸，咳嗽，发生呼噜声，呼吸困难。部分鸡拉绿色稀粪。发病后期，一些病鸡出现扭头、歪颈、转圈等神经症状。解剖可见气管环状充血，内有黏液或混有血丝。腺胃乳头出血是新城疫特征性病变，肌胃角质膜下点状、条状出血，肠道广泛性出血，在小肠表面可见散在的枣核状红肿病灶，剪开小肠可见黏膜面有枣核状的出血斑或溃疡，盲肠扁桃体肿胀、出血。

病鸡精神不振，翅下垂、站立不稳

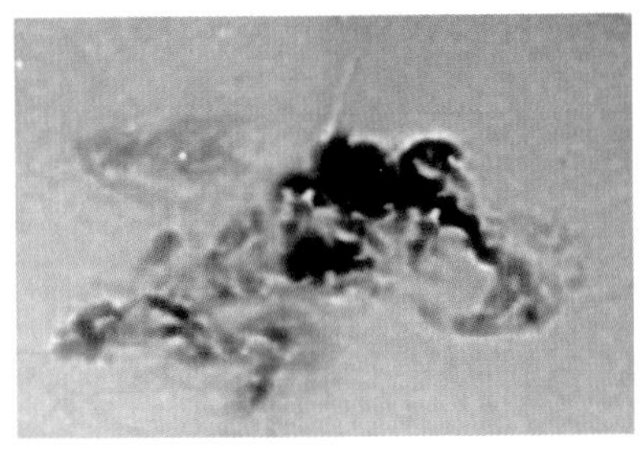

病鸡排绿色稀粪

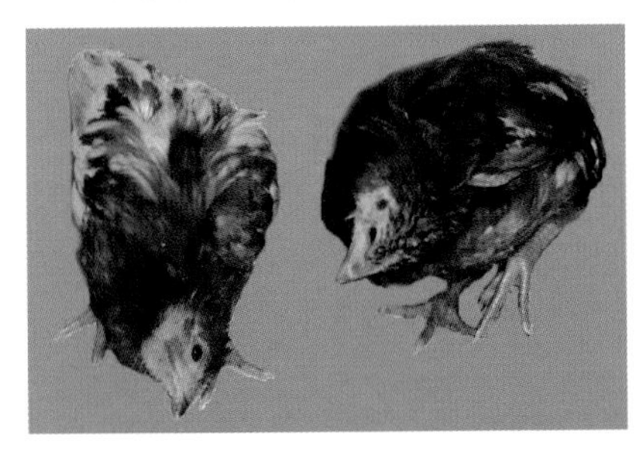

病鸡出现扭头、歪颈

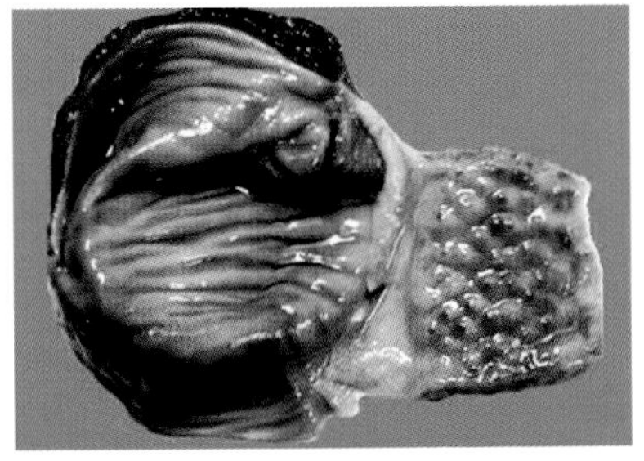

新城疫特征性病变是腺胃乳头出血

（2）防治

紧急免疫：鸡群发生新城疫后，立即用 3 ～ 4 倍量新城疫Ⅳ系苗或克隆 30 点眼、滴鼻或饮水；2 月龄以上的鸡也可用 2 倍量新城疫 I 系苗肌肉注射。

药物治疗：本病目前尚无特效药物，病鸡应补充电解多维、黄芪多糖等增强鸡抵抗力。选用抗病毒药物如病毒唑、干扰素和抗病毒的中药联合治疗（紧急免疫前后 5 天不能用抗病毒药物）。

2.2　禽流感

禽流感是由 A 型流感病毒引起的一种禽类(家禽和野禽)传染病。禽流感病毒血清型众多，致病力差异很大，H5 强毒株感染的死亡率可达 90% ~ 100%，H9 亚型死亡率较低。

（1）症状

病鸡头颈肿胀，有明显的呼吸症状，气管充血、出血，心包膜和气囊增厚并附着淡黄色渗出物，卵黄性腹膜炎。急性病鸡精神不振，采食下降，鸡冠、肉髯肿胀发紫，出血，坏死。脚掌、趾肿胀，鳞片出血。部分病鸡下痢，排绿色粪便。头、颈及胸部皮下有淡黄色胶冻样水肿。腺胃乳头出血、腺胃与肌胃交界处出血，肠黏膜出血，胰腺有出血点。

鸡冠和肉髯肿胀、发紫

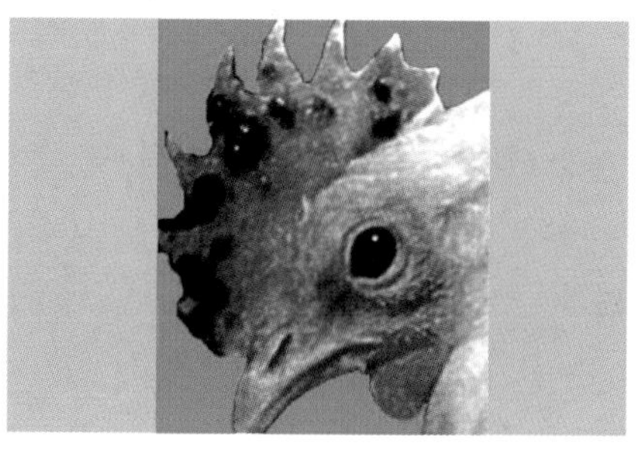

鸡冠出血、坏死（日·崛内贞治摄）

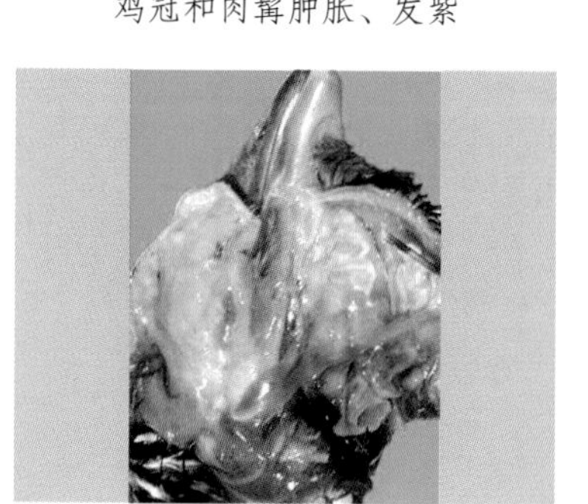

头部皮下有黄色胶冻样浸润

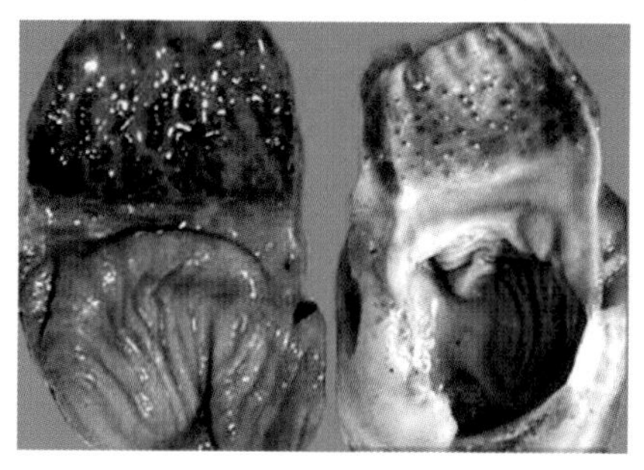

腺胃乳头出血以及腺胃与肌胃交界处出血的出血带

（2）防治

紧急免疫：发生非高致病性禽流感时，发病初期可紧急接种疫苗。由于禽流感各亚型之间缺乏交叉保护，应根据各地流行病毒血清型特点选择疫苗。

药物治疗：本病目前尚无特效药物，病鸡应补充电解多维、黄芪多糖等增强鸡抵抗力。选用抗病毒药物如病毒唑、干扰素和抗病毒的中药联合治疗（紧急免疫前后5天不能用抗病毒药物），并辅以抗生素防止其他细菌继发感染。

2.3 鸡白痢

鸡白痢是由鸡白痢沙门氏菌引起鸡的一种传染性疾病。本病主要经消化道感染，也可通过感染的种鸡和污染的种蛋垂直传播。主要危害4周龄内的雏鸡，感染导致雏鸡的高死亡率。

（1）症状

病雏鸡排白色黏稠粪便，肛门周围羽毛有白石灰样粪便沾污；雏鸡卵黄吸收不良，呈黄绿色液化或呈棕黄色奶酪样。肺内和心肌上有黄白色结节。一些病鸡引起关节肿大，跛行。剖检可见肝肿大、充血，肝脏和脾脏上有黄白色坏死点。病程长则可在心肌、肌胃、肠管等部见到隆起的白色结节。盲肠膨大，肠内有干酪样凝结物。

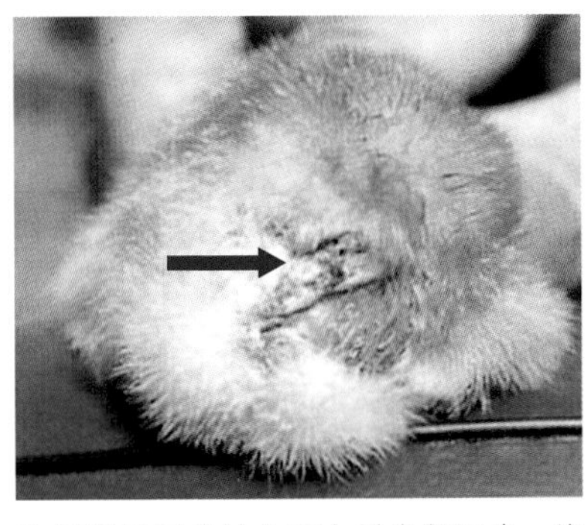

肛门周围羽毛被白石灰样粪便污染，甚至堵塞肛门（范国雄摄）

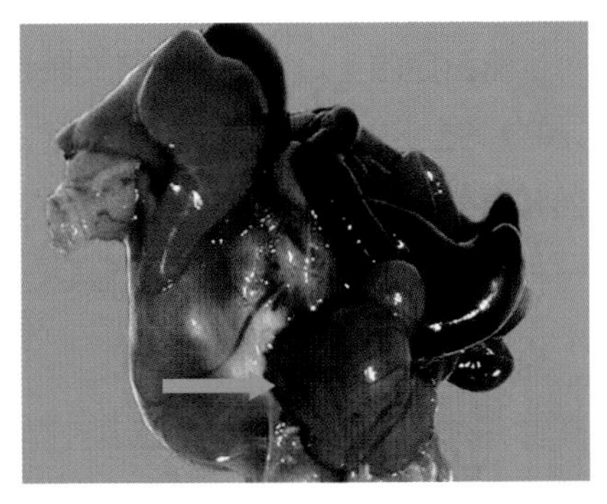

卵黄吸收不良，呈黄绿色

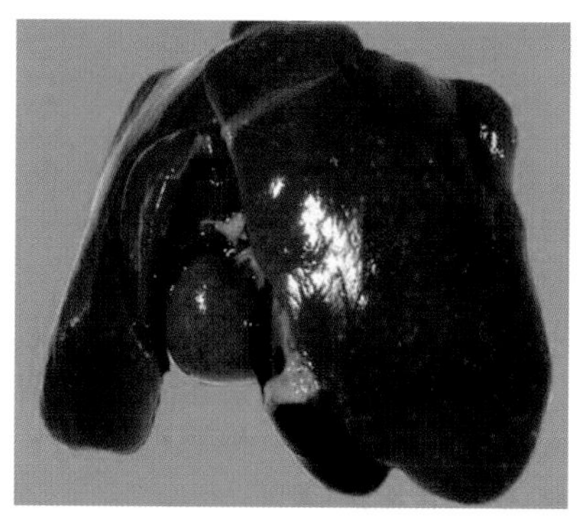

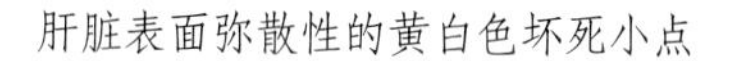

肝脏表面弥散性的黄白色坏死小点

心脏上有灰白色隆起的结节

（2）防治

检疫：用全血平板凝集试验定期检疫，淘汰阳性鸡。

药物预防及治疗：雏鸡在饮水中加入恩诺沙星、环丙沙星等。发病鸡可用上述药物加大剂量使用。

2.4　大肠杆菌病

大肠杆菌病是由大肠杆菌引起的一类病的总称，包括败血症、心包炎、肝周炎、气囊炎、腹膜炎、肉芽肿、输卵管炎、生殖道炎、脐炎、滑膜炎等疾病。大肠杆菌病对养鸡业危害较大。各种年龄鸡均可感染大肠杆菌病，尤以雏鸡、幼鸡感染后危害较大。当饲养管理不善、应激等因素，造成抵抗力降低，以及感染其他疾病，常继发或并发大肠杆菌病。

（1）症状

大肠杆菌病常见心外膜、肝膜、腹膜和气囊增厚，表面有灰白色的纤维素渗出物覆盖。皮肤、肌肉瘀血，血呈紫黑色、不易凝固，肠黏膜出血，心包积液，心脏扩张，肝肿大呈紫红色。

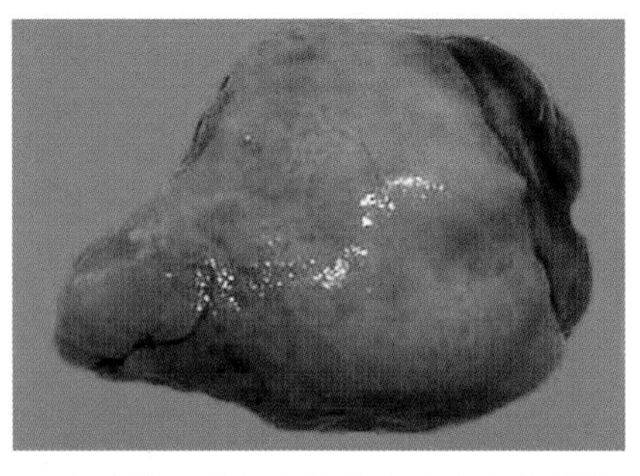

心表面被一层灰白色纤维素渗出物覆盖

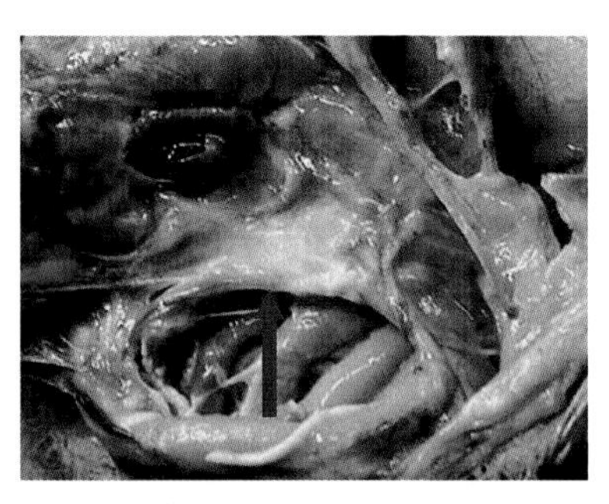

气囊壁被覆淡黄色渗出物、增厚

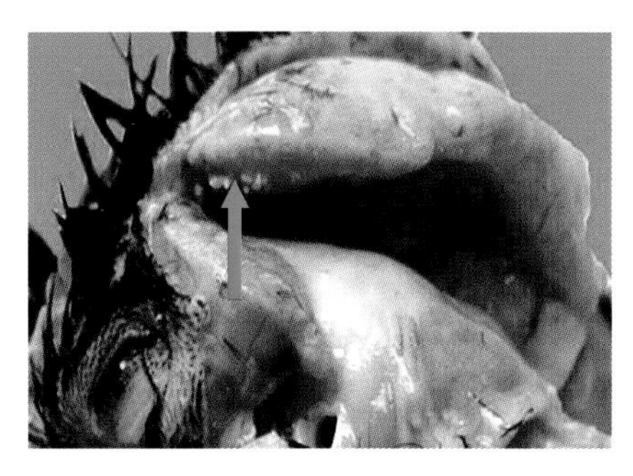

头部皮下结缔组织肉芽肿

全眼球炎（左为正常，右为病眼），眼球浑浊并有淡黄色分泌物(Sata 摄)

（2）防治

免疫：大肠杆菌因血清型众多，交叉免疫保护差，选用当地或本场分离菌株制备的多价灭活疫苗效果最佳。

药物预防及治疗：选用恩诺沙星、氟苯尼考、新霉素、庆大霉素、先锋霉素等，但大肠杆菌易产生耐药性，因此，药物应经常更换使用。

2.5 球虫病

由于舍外养殖方式使球虫卵囊在林地里广泛扩散，球虫卵囊大量分布于林地中并可在林地中长时间存活，因此球虫病是林下鸡预防的重点疫病之一。本病主要危害雏鸡，发病率、死亡率高，病愈雏鸡生长滞后，抵抗力低，易患其他疾病，给养殖户造成巨大的经济损失。

（1）症状

常见典型症状是拉稀及血便。病鸡精神不振，逐渐消瘦，足和翅膀多发生轻瘫，产蛋鸡产蛋量减少。剖检可见盲肠显著肿大，呈紫红色，肠腔充满凝固或新鲜的暗红色血液，盲肠壁变厚，并伴有严重的糜烂。小肠扩张增厚，有严重的坏死，肠壁深部和肠腔积存凝血，使肠的外观呈淡红色或褐色，肠壁有明显的淡白色斑点和黏膜上的许多小出血点相间杂。

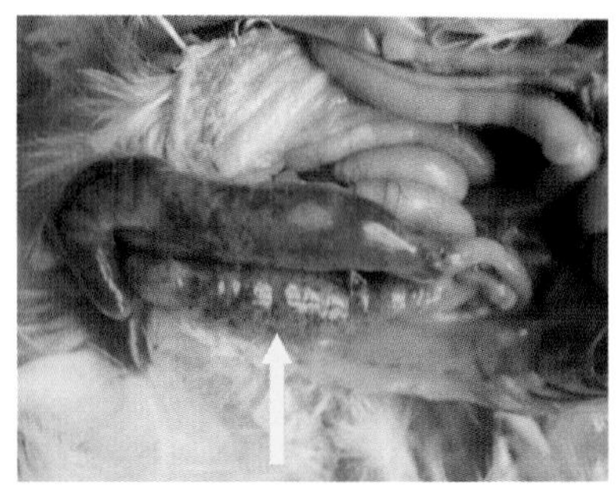

鸡盲肠肿大、出血

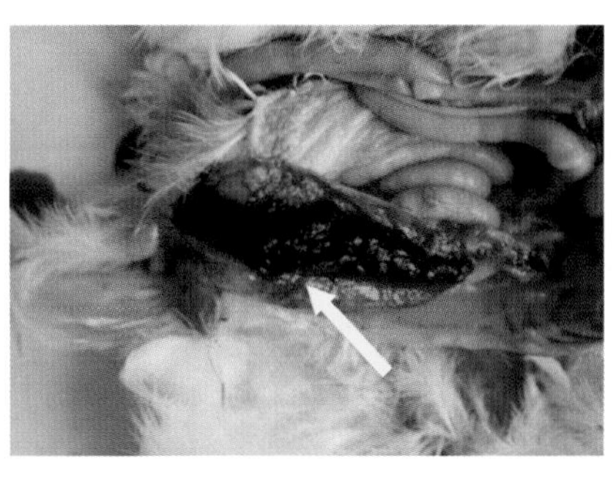

盲肠粘膜出血，肠腔内有血样内容物

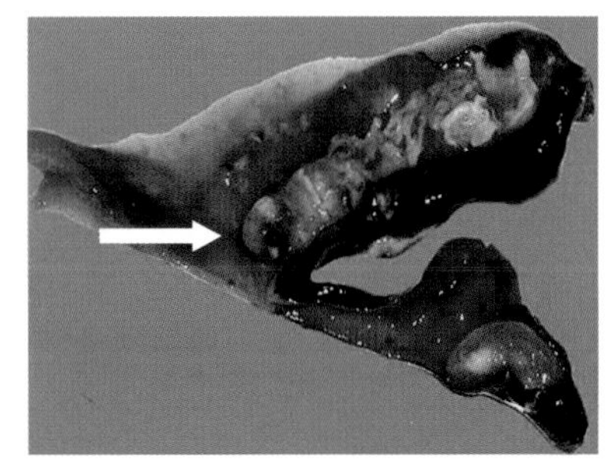

后期盲肠内充满淡黄色的肠芯

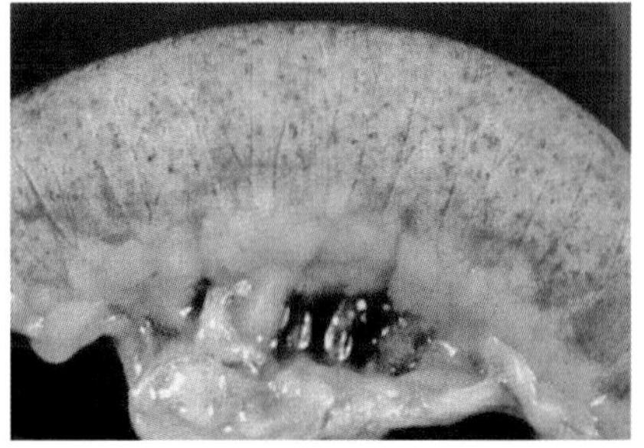

鸡小肠肿胀，浆膜面有出血点（刘思当 摄）

（2）防治

免疫：按表 5 进行，使用前停止供应水 2 ~ 4 小时。

药物预防及治疗：在育雏阶段用抗球虫药物预防，药物使用应注意交替用药。常用药物有复方磺胺二甲嘧啶钠、地克珠利 、球痢灵、氯苯胍。发病鸡经饮水给予抗球虫药物并配合维生素 K 帮助止血促进康复。

消毒：因为球虫卵囊对普通消毒药有极强的抵抗能力，用烧碱对鸡舍和硬化的放养场地进行消毒，烧碱具有腐蚀性，使用时注意安全，规范操作。

2.6 鸡住白细胞虫病（鸡白冠病）

鸡住白细胞虫病又称为鸡白冠病，是由住白细胞虫寄生于鸡的红细胞、成红细胞、淋巴细胞和白细胞引起的贫血性疾病。本病主要造成鸡的贫血。鸡白冠病的流行与吸血昆虫蠓和蚋的活动密切相关，在 20℃以上时，蠓和蚋活动力强，繁殖快，易造成本病的发生。鸡白冠病多发于 5 ~ 10 月份，6 ~ 8 月份为发病高峰期。

（1）症状

病雏鸡精神不振，严重感染时，可因出血、咯血、呼吸困难而突然死亡，死前口流鲜血是最具特征性的症状；中鸡和成鸡感染，临床上可见鸡冠苍白，排出水样的白色稀粪、脚软或排绿色稀粪，产蛋量下降或停产。剖检可见肌肉苍白，血液稀薄，在胸肌、腿肌、肝、心、脾、腹腔脂肪有针尖大至粟粒大的灰白色圆形小结节。严重者全身出血，多见于雏鸡，表现为皮下、胸肌、大腿肌肉有针状或米粒大的出血点，肝脏及肾脏广泛出血，形成紫色血肿或血凝块。

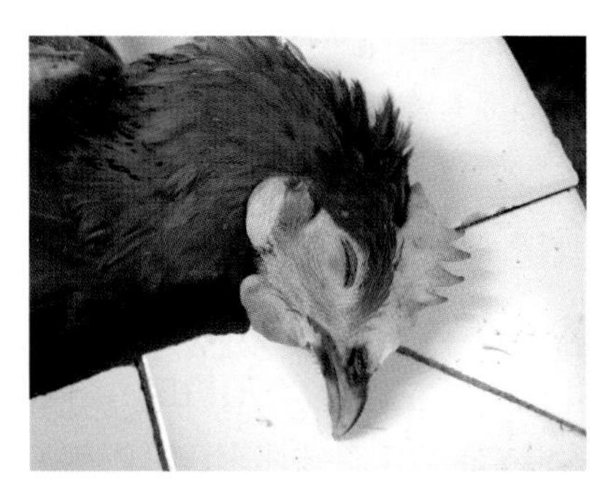

鸡冠和肉髯苍白

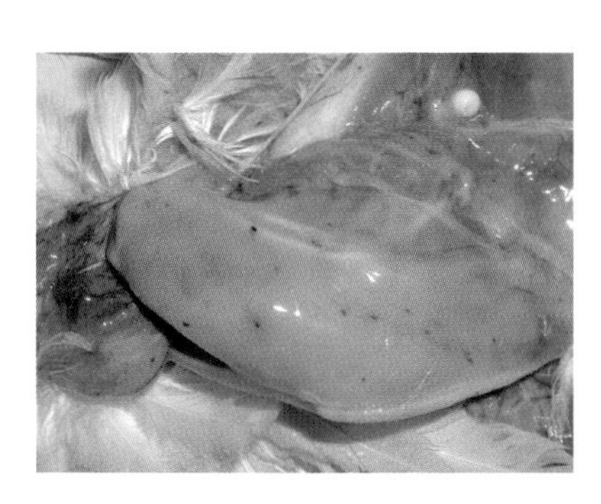

胸肌苍白、并有出血小点

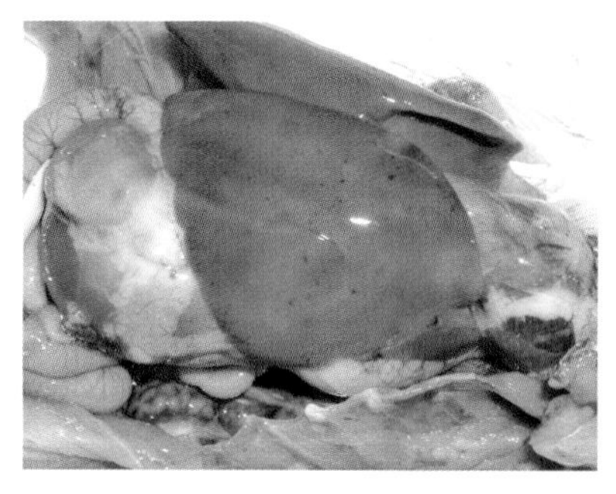
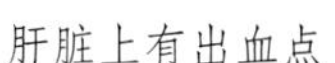
肝脏上有出血点

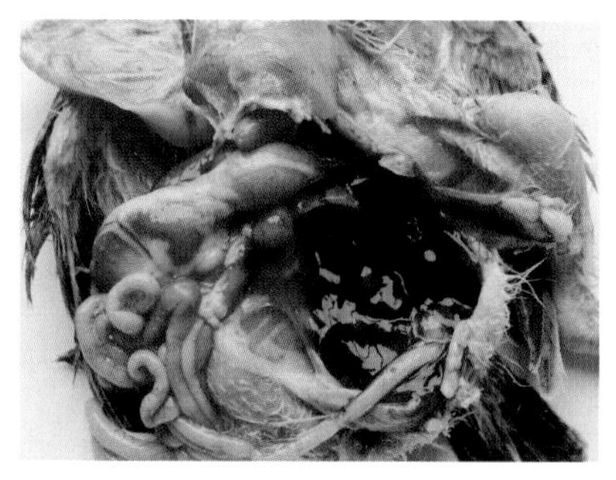
腹腔内有血凝块

（2）防治

检疫：用病鸡血液、内脏器官涂片或肌肉白色结节压片镜检。

药物治疗：常用药物有：磺胺-6-甲氧嘧啶、磺胺二甲氧嘧啶、呋喃唑酮。为防止产生耐药性，注意药物的更换使用。

杀虫剂：清除杂草，防治蠓蚋滋生；蚊虫活动季节，根据情况可早晚对鸡舍用0.01%速灭杀丁或2.5%溴氰菊酯喷洒，以杀灭蠓蚋等蚊虫。

2.7　鸡蛔虫病

鸡蛔虫病是由鸡蛔虫引起的鸡常见寄生虫病，本病在我国非常普遍，鸡群感染率介于6%～87%之间；高密集的放养方式，鸡的感染率和发病率更高，感染率可达100%。鸡蛔虫雌虫在鸡的肠道内一天可排出几万个虫卵，虫卵随粪便排出体外。一般刚从鸡粪便排出的虫卵，其他鸡不感染，虫卵在潮湿的土壤及适当温度条件下可发育成具有感染性的虫卵，温度和湿度越高，虫卵发育速度就越快，通常需6～7天。感染性虫卵可在土壤中保持活力达6～6.5个月。当鸡吞食被虫卵污染的饲料、饮水或土壤时，虫卵进入鸡的肠道，在肠道内环境作用下孵出幼虫，幼虫随即进入十二指肠并在绒毛间的间隙生长发育，经过一段时间后，再钻入肠黏膜内破坏李氏分泌腺，再经一周，自由活动于肠腔内。

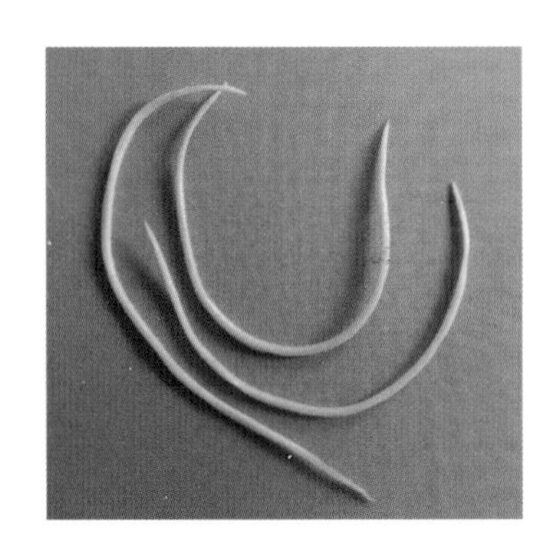

图 33　鸡蛔虫

（1）症状

对症状明显的活鸡进行剖检，可见小肠黏膜出血发炎，肠壁上有颗粒状化脓结节，小肠内肉眼可见黄白色蛔虫，长 2.6 ~ 11 厘米不等。病变部位主要发生在十二指肠，且在小肠中发现有 2.6 ~ 11 厘米长的线虫，即可判断为鸡蛔虫病。通过对鸡粪便进行镜检，若发现有蛔虫卵，可进一步加强对该病的确诊。

（2）防治

定期驱虫：预防性驱虫见表 5 重点寄生虫病预防。

药物治疗：常用药物有左旋咪唑、丙硫咪唑、伊维菌素。为防止产生耐药性，注意药物的更换使用。